Bhargavi M.

Desenvolvimento da microflora oral

Bhargavi M.

Desenvolvimento da microflora oral

Da infância à adolescência

ScienciaScripts

Imprint

Cover image: www.ingimage.com

This book is a translation from the original published under ISBN 978-3-659-86392-9.

Publisher:
Sciencia Scripts
is a trademark of
Dodo Books Indian Ocean Ltd. and OmniScriptum S.R.L publishing group

120 High Road, East Finchley, London, N2 9ED, United Kingdom
Str. Armeneasca 28/1, office 1, Chisinau MD-2012, Republic of Moldova, Europe
Managing Directors: Ieva Konstantinova, Victoria Ursu
info@omniscriptum.com

Printed at: see last page
ISBN: 978-620-8-52410-4

ÍNDICE DE CONTEÚDOS

INTRODUÇÃO

A cavidade oral é uma parte importante do corpo humano. É constituída por uma microflora diversa distribuída em diferentes partes da cavidade oral. Vários microrganismos vivem em harmonia uns com os outros como comensais. No entanto, várias razões podem levar à alteração do tipo e ao aumento do número de organismos, conduzindo a alterações patológicas no interior da cavidade oral.

A boca alberga, pelo menos, seis mil milhões de bactérias que representam mais de 700 espécies.[1] Foi graças ao desenvolvimento de várias técnicas bacteriológicas e de biologia molecular que se tornou possível a identificação de vários microrganismos orais.

Desde o nascimento de um bebé até à velhice, os constituintes do microbiota oral estão num estado dinâmico de mudança. A microflora normal da boca é diferente em diferentes regiões da cavidade oral devido a diferenças nas caraterísticas morfológicas das várias superfícies da mucosa e dos tecidos duros presentes.

Além disso, o modo de parto tem um efeito louvável na estrutura do microbioma oral. Do mesmo modo, a colonização microbiana oral dos bebés nascidos prematuramente é diferente da dos bebés normais. Além disso, verifica-se uma alteração acentuada na microflora oral aquando da introdução de objectos estranhos, tais como aparelhos removíveis, próteses e brackets ortodônticos.

A boca é uma parte do corpo facilmente acessível e, por isso, pode fornecer aos profissionais de saúde uma janela para a saúde oral e geral de uma pessoa. As doenças localizadas noutras partes do corpo podem refletir-se na boca e, como resultado, a saliva está a tornar-se cada vez mais reconhecida como um fluido de diagnóstico fundamental.[2]

A boca é a porta de entrada do corpo para o mundo exterior e representa um dos locais biologicamente mais complexos e significativos do corpo. É aqui que se realizam as primeiras etapas do processo digestivo e, consequentemente, a boca é ricamente dotada de funções sensoriais (paladar, temperatura e textura). Desempenha também um papel fundamental na comunicação, quer através da fala quer através de expressões faciais, e contribui significativamente para a nossa aparência. Estudos recentes reafirmaram um conceito anterior de que a saúde oral está indissociavelmente ligada à saúde geral e vice-versa. Manter uma boca saudável é, portanto, de importância vital para a autoestima e o bem-estar geral de uma pessoa.[2]

Como profissionais de medicina dentária, é importante que conheçamos bem o tipo de microbiota presente na cavidade oral em vários locais e em diferentes idades de um ser humano. Além disso, é mais importante conhecer o tipo de microflora presente em várias condições patológicas para poder diagnosticar uma condição e elaborar um plano de tratamento de forma eficiente e eficaz.

REVISÃO DA LITERATURA

Em 2003, foi realizado um estudo para investigar os efeitos de vários factores perinatais e neonatais, principalmente a idade gestacional e a administração de terapia antibacteriana, na colonização oral de bebés prematuros nascidos com 24±34 semanas de gestação. Foram obtidas culturas orais com 1 dia de idade e 10 dias de idade de 65 bebés prematuros, divididos em três grupos: a) 24 recém-nascidos com 30±34 semanas de gestação que não receberam ABT, b) 23 recém-nascidos com 30±34 semanas de gestação que receberam terapia antibiótica (ABT) e c) 18 recém-nascidos com menos de 30 semanas de gestação que receberam ABT. A colonização bacteriana oral aumentou do dia 1 ao dia 10 de vida. Nos recém-nascidos com 24±34 semanas, a idade gestacional não afectou a bacteriemia precoce ou a colonização oral ao nascimento. Nem a idade gestacional nem o ABT afectaram a bacteriemia tardia ou a colonização oral ao 10º dia. Nos recém-nascidos de 30±34 semanas com ABT, a flora oral consistia principalmente em bactérias gram-negativas não Escherichia coli, ao passo que nos que não receberam ABT cresceram principalmente estreptococos alfa-hemolíticos, Klebsiella pneumoniae e E. coli. Nos recém-nascidos com menos de 30 semanas que receberam ABT, a flora oral era constituída principalmente por estafilococos coagulase-negativos. A colonização oral com anaeróbios foi nula e a colonização com fungos foi mínima. Concluíram que: a) em bebés prematuros nascidos com 24±34 semanas de gestação, a colonização oral com bactérias no primeiro dia de vida é baixa, independentemente da idade gestacional ou dos factores de risco perinatais para infeção neonatal; b) a colonização bacteriana oral aumentou significativamente do primeiro ao décimo dia de vida, independentemente da idade gestacional, do ABT ou da ventilação mecânica; c) no décimo dia de vida, o espetro da flora bacteriana oral mudou após o ABT e consistiu principalmente em estafilococos coagulase-negativos e bactérias gram-negativas não E. coli gram-negativas; d) a colonização oral por fungos foi muito baixa e não foram isolados anaeróbios até aos 10 dias de vida; e e) os resultados merecem atenção quando se considera a terapêutica antimicrobiana empírica em bebés prematuros com suspeita de sépsis, uma vez que a maioria dos agentes patogénicos que crescem para além da primeira semana de vida seriam resistentes à ampicilina e à gentamicina.

Em 2003, foi efectuado um estudo organolético para determinar a diversidade bacteriana no dorso da língua e para comparar as bactérias predominantes (incluindo espécies ainda não cultivadas) que estão presentes na superfície do dorso da língua de indivíduos com e sem mau odor oral. Foram analisadas raspagens do dorso da língua de indivíduos saudáveis sem queixas de halitose e de indivíduos com halitose, definida como uma pontuação organoléptica de 2 ou mais e níveis de compostos de enxofre voláteis superiores a 200 ppb. Os genes 16S rRNA do ADN isolado das raspas do dorso da língua foram amplificados por PCR com primers bacterianos universalmente conservados e clonados em *Escherichia coli*. Tipicamente, foram analisados 50 a 100 clones de cada indivíduo. Foram também analisadas cinquenta e uma estirpes isoladas do dorso da língua de indivíduos saudáveis. As sequências parciais de aproximadamente 500 bases de inserções clonadas dos genes 16S rRNA dos isolados foram comparadas com sequências de espécies ou filotipos conhecidos para determinar a identidade das espécies ou os parentes mais próximos. Foram obtidas sequências quase completas de cerca de 1.500 bases para espécies ou filotipos potencialmente novos. Numa análise de aproximadamente 750 clones, foram identificadas 92 espécies bacterianas diferentes. Cerca de metade dos clones foram identificados como filotipos, dos quais 29 eram novos para a microbiota da língua. Cinquenta e uma das 92 espécies ou filotipos foram detectados em mais do que um indivíduo. As espécies mais associadas a indivíduos saudáveis foram *Streptococcus salivarius*, *Rothia mucilaginosa* e uma espécie não caracterizada de *Eubacterium* (estirpe FTB41). *O Streptococcus salivarius* foi a espécie predominante em indivíduos saudáveis, uma vez que representou 12 a 40% do total de clones analisados de cada indivíduo saudável. De um modo geral, a microbiota predominante no dorso da língua de indivíduos saudáveis foi diferente da microbiota predominante no dorso da língua de indivíduos com halitose. As espécies mais associadas à halitose foram *Atopobium parvulum*, um filotipo (clone BS095) de *Dialister*, *Eubacterium sulci*, um filotipo (clone DR034) do filo TM7 não cultivado, *Solobacterium moorei* e um filotipo (clone BW009) de *Streptococcus*. Com base nas análises das sequências, o dorso da língua possui uma microbiota única: cerca de um terço da população bacteriana foi encontrada apenas na língua e não em ou nas superfícies de outros locais orais.

Em 2003, foi efectuado um estudo para caraterizar a microflora das lesões cariosas dentárias através de uma análise cultural e molecular combinada e, além disso, para comparar a composição da microflora na frente de avanço com a do corpo principal das lesões. As amostras foram cultivadas em ágar sangue e ágar Rogosa incubados em ar mais 5% de CO_2 e em ágar anaeróbio fastidioso anaerobicamente. O ADN também foi extraído diretamente das amostras e os genes 16S rRNA foram amplificados por PCR com primers universais. Os produtos de PCR foram singularizados por clonagem, e os insertos clonados e os isolados cultivados foram identificados por análise da sequência do gene 16S rRNA. Foram identificados 95 táxons entre os 496 isolados e 1.577 clones sequenciados; 44 táxons foram detectados apenas pelo método molecular; 31 táxons não estavam previamente descritos. Apenas três taxa, *Streptococcus mutans*, *Rothia dentocariosa* e um *Propionibacterium* sp. sem nome, foram encontrados em todas as cinco amostras. Os taxa predominantes por cultivo anaeróbico foram o novo *Propionibacterium* sp. (18%), *Olsenella profusa* (14%) e *Lactobacillus rhamnosus* (8%). Os taxa predominantes na análise molecular foram *Streptococcus mutans* (16%), *Lactobacillus gasseri/johnsonii* (13%) e *Lactobacillus rhamnosus* (8%). Não houve diferença significativa entre as composições da microflora nas amostras do meio e da frente de avanço ($P < 0,05$, Wilcoxon matched pairs, teste de postos assinados). Em conclusão, este estudo demonstrou que uma microflora diversificada está presente em lesões cariosas dentárias. Os dados abrangentes da sequência do gene 16S rRNA obtidos permitirão a conceção de sondas oligonucleotídicas específicas para utilização em estudos que investigam a distribuição espacial de bactérias em lesões cariosas e ajudarão a determinar quais os taxa de particular importância para o processo da doença.

Um estudo realizado em 2005 para (i) utilizar técnicas moleculares independentes de cultura para alargar o nosso conhecimento sobre a amplitude da diversidade bacteriana na cavidade oral humana saudável, incluindo filotipos ainda não cultivados, e (ii) para determinar a especificidade da colonização bacteriana em termos de local e sujeito. Os locais incluíam o dorso da língua, os lados laterais da língua, o epitélio bucal, o palato duro, o palato mole, a placa supragengival das superfícies dentárias, a placa subgengival, o vestíbulo anterior maxilar e as amígdalas. Os genes 16S rRNA do DNA da amostra foram amplificados, clonados e transformados em *Escherichia coli*. As sequências dos genes 16S rRNA foram utilizadas para determinar a identidade das espécies ou os parentes mais próximos. Em 2.589 clones, foram detectadas 141 espécies predominantes, das quais mais de 60% não foram cultivadas. Foram identificados treze novos filotipos. As espécies comuns a todos os locais pertenciam aos géneros *Gemella*, *Granulicatella*, *Streptococcus* e *Veillonella*. Enquanto algumas espécies eram específicas do assunto e detectadas na maioria dos sítios, outras espécies eram específicas do sítio. A maioria dos locais possuía 20 a 30 espécies predominantes diferentes, e o número de espécies predominantes de todos os nove locais por indivíduo variava de 34 a 72. As espécies tipicamente associadas à periodontite e à cárie não foram detectadas. Em conclusão, existia uma flora bacteriana distinta na cavidade oral saudável que é diferente da flora bacteriana da doença oral. Por exemplo, muitas espécies especificamente associadas à doença periodontal, tais como *Porphyromonas gingivalis*, *Tannerellaforsythia* e *Treponema denticola*, não foram detectadas em nenhum dos locais testados. Além disso, a flora bacteriana que se pensa estar envolvida na cárie dentária e nas cavidades profundas da dentina, representada por *Streptococcus mutans*, *Lactobacillus* spp., *Bifidobacterium* spp. e *Atopobium* spp. não foi detectada em placas supra e subgengivais de dentes clinicamente saudáveis.[6]

Um estudo para avaliar as práticas de saúde dentária que as mães adoptam para os seus filhos em idade pré-escolar; o estudo também observou o estado de saúde dentária destas crianças no distrito de Lahore, Paquistão. Este estudo transversal baseado num questionário avaliou o estado de saúde dentária e os comportamentos de saúde oral de 600 crianças em relação à idade da mãe, à sua educação, ao rendimento familiar e ao seu domicílio de residência. Foi utilizado o teste do qui-quadrado para verificar a associação entre as diferentes variáveis. O nível de significância foi considerado como $p<0,05$. Os resultados mostraram que os comportamentos de limpeza dos dentes estavam associados a todos os factores maternos em estudo. O consumo de alimentos açucarados foi associado ao nível de educação da mãe e ao seu rendimento familiar, enquanto a cárie dentária se correlacionou positivamente com a sua residência e rendimento familiar. Em conclusão, a idade mais jovem da mãe, o elevado nível de escolaridade, o rendimento mais elevado e a residência urbana têm uma influência positiva nas práticas de saúde dentária dos seus filhos em idade pré-escolar. A experiência de cárie dentária nas crianças em idade pré-escolar não foi associada a nenhum dos factores maternos estudados.

Um estudo para examinar se existe uma variação na microflora oral entre bebés nascidos por via vaginal e por cesariana. A hipótese nula era a de que não se registariam diferenças entre os grupos. Trata-se de um estudo transversal de controlo de casos. Oitenta e quatro bebés nascidos por via vaginal (n = 42) ou por cesariana (n = 42) foram selecionados aleatoriamente da coorte de nascimentos de 2009 no Hospital do Condado de Halmstad, na Suécia. Crianças medicamente comprometidas e prematuras (<32 semanas) foram excluídas. A idade média era de 8,25 meses (intervalo de 6-10 meses), e foi pedido aos pais que preenchessem um questionário sobre factores socioeconómicos, estilo de vida e hábitos de higiene. A saliva foi recolhida e analisada utilizando a hibridação DNA-DNA em tabuleiro de controlo. Os resultados mostraram que foi detectada uma maior prevalência de Streptococcus salivarius salivar, Lactobacillus curvata, Lactobacillus salivarius e Lactobacuillus casei nos bebés nascidos por via vaginal ($P < 0,05$). As bactérias associadas à cárie Streptococcus mutans e Streptococcus sobrinus foram detectadas em 63% e 59% de todas as crianças, respetivamente. Em conclusão, este estudo sugeriu que o modo de parto teve uma influência no perfil microbiano salivar em bebés. Foi encontrada uma prevalência significativamente mais elevada de estreptococos e lactobacilos associados à saúde oral em bebés nascidos de parto vaginal, quando comparados com o grupo de cesariana.

Um estudo para comparar dois métodos de estudo do microbioma oral: identificação alargada do microbioma por sequenciação do gene 16S rRNA e caraterização específica dos micróbios por microarray de ADN personalizado. Foram recolhidas amostras de lavagem oral de 20 indivíduos no Memorial Sloan-Kettering Cancer Center. A pesquisa do gene 16S rRNA foi efectuada por pirosequenciação 454 da região V3-V5 (450 pb). A identificação orientada por microarray de ADN foi efectuada com o Human Oral Microbe Identification Microarray (HOMIM). Foram comparadas as correlações e a abundância relativa ao nível do filo e do género, entre o rácio de leitura da sequência 16S rRNA e a intensidade de hibridação HOMIM. Os resultados mostraram que os principais filos, Firmicutes, Proteobacteria, Bacteroidetes, Actinobacteria e Fusobacteria foram identificados com elevada correlação pelos dois métodos (r = 0,70,0,86). A pirosequenciação do gene 16S rRNA identificou 77 géneros e o HOMIM identificou 49, com 37 géneros detectados por ambos os métodos; mais de 98% das bactérias classificadas foram atribuídas a estes 37 géneros. A concordância entre os dois ensaios (presença/ausência) e as correlações foram elevadas para géneros comuns (Streptococcus, Veillonella, Leptotrichia, Prevotella e Haemophilus; Correlação = 0,70-0,84). Concluíram que os perfis da comunidade microbiológica avaliados por pirosequenciação do 16S rRNA e HOMIM estavam altamente correlacionados ao nível do filo e, ao comparar os taxa mais frequentemente detectados, também ao nível do género. Ambos os métodos são atualmente adequados para investigações epidemiológicas de elevado rendimento que relacionam os taxa microbianos orais identificados e mais comuns com o risco de doença; no entanto, a pirosequenciação pode proporcionar um espetro mais amplo de identificação de taxa, um registo distinto de leitura de sequências e uma maior sensibilidade de deteção.

Foi efectuado um estudo para avaliar a relação entre o estado de saúde oral das mães e o dos seus filhos, utilizando dados de uma amostra nacionalmente representativa da população dos EUA. Utilizando dados do Third National Health and Nutrition Examination Survey e um ficheiro relacionado com a certidão de nascimento, os autores compilaram uma amostra de 1.184 pares mãe/filho para crianças dos 2 aos 6 anos de idade. Os autores efectuaram análises de regressão logística e logística cumulativa, utilizando a experiência de cárie das crianças e o estado de cárie não tratada como variáveis dependentes. Avaliaram o estado de cárie não tratada das mães e o estado de perda de dentes juntamente com outras covariáveis, incluindo a idade, a raça/etnia e o estado de pobreza. Os resultados mostraram que os filhos de mães que tinham níveis elevados de cáries não tratadas tinham mais de três vezes mais probabilidades (odds ratio [OR], 3,5; intervalo de confiança de 95% [IC], 2,0-6,2) de ter níveis mais elevados de experiência de cáries (cáries dentárias tratadas ou não tratadas) em comparação com crianças cujas mães não tinham cáries não tratadas. Foi observada uma relação semelhante entre a perda dentária das mães e a experiência de cárie entre os seus filhos. Os filhos de mães com níveis elevados de perda dentária tinham mais de três vezes mais probabilidades (OR, 3,3; 95% CI, 1,8-6,4) de ter níveis mais elevados de experiência de cárie em comparação com os filhos de mães sem perda dentária; para mães com perda dentária moderada, o OR era de 2,3 (95% CI, 1,5-3,5). Os resultados do estudo mostram que níveis mais elevados de cáries não tratadas ou perda de dentes entre as mães são um forte indicador de maior cárie dentária nos seus filhos, e o efeito da má saúde oral materna na saúde oral das crianças é significativo, independentemente do estatuto de pobreza. Os resultados sugerem que a redução de cáries em crianças pequenas pode exigir a melhoria da saúde oral das suas mães.

Um estudo comparativo para comparar a microbiota oral, procurando diferenças nos padrões de colonização em bebés nascidos por via vaginal ou por cesariana. O microarray de identificação de micróbios orais humanos foi utilizado para detetar taxa bacterianos. O biofilme oral foi analisado pelo Human Oral Microbe Identification Microarray (HOMIM) em bebés saudáveis de três meses de idade, 38 bebés nascidos de cesariana e 25 bebés nascidos de parto vaginal. Entre os mais de 300 taxa bacterianos visados pelo microarray HOMIM, *a Slackia exigua* foi detectada apenas em bebés nascidos de cesariana. Além disso, foram detectados significativamente mais taxa bacterianos nos bebés nascidos por via vaginal (79 espécies/agrupamentos de espécies) em comparação com os bebés nascidos por cesariana (54 espécies/agrupamentos de espécies). A modelação multivariada revelou um modelo forte que separava a microbiota dos bebés nascidos de cesariana e de parto vaginal em dois padrões de colonização distintos. Em conclusão, o estudo indicou um padrão de colonização diferente na cavidade oral entre os bebés de três meses de idade nascidos por via vaginal e os nascidos por cesariana. As razões para as diferenças são desconhecidas, assim como o facto de estas diferenças terem um impacto a longo prazo na saúde oral ou geral da criança. As possíveis razões para as diferenças incluirão provavelmente a influência relativa dos receptores do hospedeiro e dos fenótipos imunitários da mucosa e da saliva, bem como interações com exposições ambientais.

Um estudo baseado na reação em cadeia da polimerase (PCR) para avaliar a microbiota da cárie precoce da infância (CPE) grave, com o objetivo de determinar se existiam espécies, para além de *S. mutans*, que estivessem significativamente associadas à cárie e que pudessem ser patogénicas para esta infeção, partiu da hipótese de que a microbiota diferiria entre a placa de crianças com lesões cariosas e a placa de crianças sem cárie e que quaisquer novos taxa acidogénicos associados à cárie seriam candidatos a patogénicos da cárie. Utilizando meios de isolamento enriquecidos e ácidos, anaerobiose rigorosa para o manuseamento das amostras e identificação das estirpes através da análise da sequência 16S rRNA, e recolhendo amostras de um número suficiente de crianças para diferenciar adequadamente as categorias de doença. As amostras bacterianas foram cultivadas anaerobicamente em ágares de sangue e ácidos (pH 5). Os isolados foram purificados e foram obtidas sequências parciais do gene 16S rRNA de 5.608 isolados. A análise baseada em sequências das bibliotecas de isolados de 16S rRNA de ágares de sangue e ácidos de crianças com CEC grave e sem cáries apresentou uma cobertura populacional >90%, com maior diversidade na biblioteca de isolados de sangue. As sequências dos isolados foram comparadas com as sequências dos táxons na base de dados do microbioma oral humano (HOMD) e foram identificados 198 táxons HOMD, incluindo 45 táxons não cultivados anteriormente, 29 táxons HOMD alargados e 45 potenciais novos grupos. As principais espécies associadas à CCE grave incluíam *Streptococcus mutans*, *Scardovia wiggsiae*, *Veillonella parvula*, *Streptococcus cristatus* e *Actinomyces gerensceriae. O S. wiggsiae* foi significativamente associado a crianças com CEC grave na presença e ausência de deteção de *S. mutans*. Concluiu-se que a cultura anaeróbia detectou uma diversidade tão grande de espécies na CEC como a observada utilizando abordagens de clonagem. A cultura, juntamente com a identificação do rRNA 16S, identificou mais de 74 isolados de taxa orais humanos sem representantes previamente cultivados. As principais espécies associadas à cárie foram *o S. mutans* e *o S. wiggsiae*, sendo este último um candidato a agente patogénico da cárie recentemente reconhecido. Em conclusão, este estudo atingiu o seu objetivo principal ao associar uma espécie recentemente reconhecida, *Scardovia wiggsiae*, à CEC grave. Uma vez que esta espécie é acidogénica e acidúrica, pois foi isolada num ágar de pH 5, *a S. wiggsiae* é candidata a ser um novo agente patogénico da cárie. Além disso, isolámos e identificámos uma microbiota tão diversa como a que tinha sido descrita, utilizando a análise de clonagem e sequenciação, e isolámos taxa orais anteriormente não cultivados.[12]

Foi realizado um ensaio clínico para examinar a colonização oral de algumas bactérias associadas ao desenvolvimento de cáries durante a infância em crianças com cardiopatia congénita grave (CHD) e para investigar a sua associação com a ingestão alimentar no início da vida, particularmente com o consumo de hidratos de carbono e padrões de refeições. A hipótese nula foi a de que não existem diferenças entre as crianças com CHD e os controlos saudáveis. Este foi um estudo prospetivo de caso-controlo. Foram incluídos 11 bebés com DCC e 22 bebés saudáveis, com idades equivalentes. Foram recolhidas amostras de saliva e diários alimentares aos 6, 9 e 12 meses de idade. Foram determinadas as contagens totais viáveis de estreptococos Mutans (EM) e Lactobacillus (LCB) na saliva, e foram calculados o consumo de energia, a frequência das refeições, o consumo de proteínas, gorduras, hidratos de carbono e sacarose. Aos 12 meses de idade, a contagem de MS era mais elevada no grupo CHD do que nos controlos ($p<0,01$), e os MS constituíam um rácio mais elevado da contagem total viável de bactérias orais ($p<0,01$). A frequência das refeições foi maior no grupo CHD aos 6 e 9 meses de idade do que no grupo de controlo ($p<0,05$). A ingestão de sacarose não diferiu entre os grupos, enquanto a ingestão total de hidratos de carbono foi maior no grupo de controlo aos 6 e 12 meses de idade ($p<0,05$). Em comparação com o grupo de controlo, que teve seis cursos de administração de antibióticos, os bebés com CHD tiveram 21 cursos ($p<0,05$). A elevada colonização oral precoce de MS em crianças com CHD indicou que este grupo pode estar em maior risco de cárie. As crianças com CHD tinham uma maior colonização de SM aos 12 meses de idade, e a SM constituía uma maior proporção da microflora oral total cultivável. Uma maior frequência de refeições e a utilização de diuréticos e antibióticos podem ter influenciado a colonização da MS.

Foi efectuado um estudo para determinar os perfis bacterianos na saliva de crianças isoladas para estudar a etiologia da cárie, em que foram recolhidas amostras de crianças isoladas dos 6 aos 8 anos de idade, incluindo 20 sem cáries (dmfs = 0) (saudáveis) e 30 indivíduos com cáries activas (dmfs > 8) (doentes). Os genes 16S rRNA foram amplificados por PCR a partir do ADN bacteriano da amostra de saliva e marcados através da incorporação de Cy3-dCTP numa segunda PCR aninhada. Após a hibridação dos amplicons marcados no HOMIM, as lâminas do microarray foram digitalizadas e os dados originais adquiridos com software profissional. Os resultados mostraram que foram detectadas 94 espécies ou grupos bacterianos representando seis filos bacterianos e 30 géneros. Foi observada uma maior diversidade bacteriana nos doentes do que nas amostras saudáveis. As análises estatísticas revelaram que oito espécies ou grupos foram detectados com mais frequência em doentes do que em amostras saudáveis, enquanto seis espécies diferentes foram detectadas com mais frequência em doentes saudáveis do que em doentes saudáveis. Em conclusão, a diversidade de micróbios na saliva derivada da população isolada aumentou no estado ativo de cárie, e existem algumas bactérias na flora salivar que podem ser candidatas a biomarcadores para o prognóstico da cárie na dentição mista. Os desequilíbrios na microflora residente podem ser o mecanismo final da cárie dentária.

A FLORA NORMAL

A FLORA AUTÓCTONE

A flora indígena compreende as espécies indígenas que estão quase sempre presentes em números elevados, ou seja, superiores a 1 por cento, num determinado local, como a placa supragengival ou a superfície da língua. O seu domínio numérico implica que são compatíveis com o hospedeiro e que estabeleceram uma relação estável com o mesmo. Eles não comprometem a sobrevivência do hospedeiro.

FLORA SUPLEMENTAR

A flora suplementar são as espécies bacterianas que estão quase sempre presentes, mas em número reduzido, ou seja, menos de 1 por cento da contagem total viável. Estes organismos podem tornar-se indígenas se o ambiente mudar. Por exemplo, as espécies de Lactobacillus encontram-se normalmente em níveis baixos na placa bacteriana (ou seja, 0,00001 a 0,001% da flora viável). Se uma lesão cariosa se desenvolver sob esta placa, o pH da placa tornar-se-á ácido. Neste novo ambiente, os lactobacilos, por serem tolerantes ao ácido, serão selecionados e podem tornar-se numericamente dominantes na lesão cariosa.

FLORA TRANSITÓRIA

A flora transitória inclui organismos que "apenas passam" por um hospedeiro. Numa dada altura, uma determinada espécie pode ou não estar representada na flora. As bactérias presentes nos alimentos ou nas bebidas podem estabelecer-se temporariamente na boca. No entanto, como estas bactérias transitórias normalmente não têm mecanismos para persistir no ambiente bucal lotado, elas desaparecem rapidamente. Os agentes patogénicos evidentes do tipo que são clinicamente importantes são excepções a este conceito geral, na medida em que parecem passar rapidamente, em determinadas circunstâncias, de uma fase transitória para uma fase predominante na membrana mucosa. Estes agentes patogénicos de importância médica não predominam na placa bacteriana, mas podem ser frequentemente isolados em grande número em muitos abcessos periapicais, pericoronários e periodontais.[15]

INTER-RELAÇÕES BACTÉRIA-HOSPEDEIRO

A discussão anterior descreveu a natureza quantitativa da flora da membrana mucosa. No entanto, esta flora não pode ser adequadamente compreendida independentemente do ambiente do seu hospedeiro. A relação de um hospedeiro com a sua flora pode ser descrita de três formas.

SÍMBIOSIS

Quando tanto o hospedeiro como a bactéria beneficiam da sua inter-relação, esta é denominada "simbiótica". Um exemplo clássico de simbiose é encontrado no trato digestivo de ruminantes e térmitas. Estes dois hospedeiros subsistem com dietas que contêm uma grande proporção de celulose, mas não possuem a enzima para degradar a celulose. Esta enzima é fornecida pelas bactérias intestinais, que segregam uma celulose extracelular que decompõe a celulose em resíduos que podem ser absorvidos pelo hospedeiro. Em troca, as bactérias recebem um ambiente de apoio com temperatura ideal, nutrientes, água e ausência de agentes inibidores.

ANTIBIOSE

Uma relação antibiótica é o oposto de uma relação simbiótica. Em vez de se ajudarem mutuamente, as bactérias e o hospedeiro são antagónicos entre si. Quando as bactérias causam uma infeção que é combatida pelos sistemas de defesa do hospedeiro, diz-se que a relação é uma antibiose. Esta relação antibiótica é muito instável, tanto para o hospedeiro como para as bactérias patogénicas. Um exemplo de tal equilíbrio é o vírus do sarampo, que causa uma doença ligeira nos habitantes da maioria das nações industrializadas. Os hospedeiros em que este equilíbrio não foi alcançado são facilmente susceptíveis ao agente patogénico viral. Quando os índios americanos foram expostos pela primeira vez ao vírus do sarampo pelos colonizadores europeus, não tinham sistemas de defesa preparados. Como resultado, o mesmo agente patogénico que causou uma doença relativamente ligeira nos colonos dizimou as populações indígenas. Este problema verifica-se hoje em dia, uma vez que os seres humanos que vivem em comunidades isoladas sucumbem facilmente a doenças infecciosas que são ligeiras nos seres humanos ocidentalizados.

AMPHIBIOSIS

Rosebury introduziu o termo "anfibiótico" para descrever um estado intermédio em que o hospedeiro e a sua flora existem numa forma de equilíbrio estável entre si. Pensa-se que a maior parte da flora oral existe numa relação anfibiótica com o seu hospedeiro, uma vez que ainda não foi demonstrado que seja prejudicial ou benéfica. Este equilíbrio pode alterar-se, como quando o S. mutans ou o B. gingivalis aumentam proporcionalmente na placa bacteriana, causando evidência de patologia dentária. Este crescimento excessivo não compromete a sobrevivência do hospedeiro, pelo que, numa perspetiva evolutiva, este tipo de infeção de baixo grau é inconsequente. Em muitos casos, os membros da flora indígena estão relacionados com agentes patogénicos evidentes. Por exemplo, as espiroquetas orais indígenas assemelham-se morfológica e serologicamente à espiroqueta virulenta T. pallidum, o agente causador da sífilis. O anfibionte típico que constitui a flora normal é obrigatoriamente parasita e não é manifestamente, ativamente ou obrigatoriamente patogénico num determinado hospedeiro.[16]

DESENVOLVIMENTO DA MICROFLORA ORAL RESIDENTE

O feto no útero é normalmente estéril. A aquisição da microflora residente de qualquer superfície depende da transmissão sucessiva de microrganismos para o local de potencial colonização. Na boca, isto acontece por transferência passiva da mãe, de organismos presentes no leite, na água (e eventualmente nos alimentos) e no ambiente em geral, embora a saliva seja provavelmente o principal veículo de transmissão, os microrganismos como os lactobacilos e a candida também podem ser adquiridos transitoriamente a partir do canal de parto. A boca é altamente selectiva para os microrganismos, mesmo durante os primeiros dias de vida. Apenas algumas das espécies comuns à cavidade oral dos adultos, e ainda menos do grande número de bactérias encontradas no ambiente, são capazes de colonizar a boca do recém-nascido. Os primeiros microrganismos a colonizar são denominados espécies pioneiras e, coletivamente, constituem a comunidade microbiana pioneira. [17] Na boca, os organismos pioneiros predominantes são os estreptococos e, em particular, *S. salivarius*, *S. mitis* e *S. oralis*. Alguns estreptococos pioneiros possuem atividade de protease IgA1, o que pode permitir que os organismos produtores e vizinhos escapem aos efeitos deste fator de defesa do hospedeiro que reveste a maioria das superfícies orais.[17,25] Com o tempo, a atividade metabólica da comunidade pioneira modifica o ambiente, proporcionando assim condições adequadas para a colonização por uma sucessão de outras populações.

Isto pode ser feito por:

(a) alteração do pH local,

(b) modificando ou expondo novos receptores nas superfícies para fixação (criptótopos) c) Gerando novos nutrientes, por exemplo, como produtos finais do metabolismo (lactato, succinato, etc.) ou como produtos de decomposição (péptidos, hemina, etc.) que podem ser utilizados como nutrientes primários por outros organismos como parte de uma cadeia alimentar.[17]

A cavidade oral do recém-nascido contém apenas superfícies epiteliais para colonização. As populações pioneiras consistem principalmente em espécies aeróbicas e facultativamente anaeróbicas. Uma variedade de espécies estreptocócicas foi recuperada durante os primeiros três dias de vida, e *Streptococcus oralis*, *S. mitis* biovar e *S. salivarius* foram as espécies numericamente dominantes. A diversidade da comunidade oral pioneira aumenta durante os primeiros meses de vida, e várias espécies de anaeróbios Gram-negativos aparecem. Num estudo de bebés edêntulos com uma idade média de 3 meses (intervalo: 1-7 meses), Prevotella *melaninogenica* foi o anaeróbio mais frequentemente isolado, tendo sido recuperado de 76% dos bebés. Outras bactérias frequentemente isoladas foram *Fusobacterium nucleatum*, *Veillonella* spp. e *Prevotella* spp. não pigmentada. Em contraste, *Capnocytophaga* spp, *P. loescheii* e *P. intermedia* foram recuperadas de 4-23% dos bebés, enquanto *E. corrodens* e *Wolinella succinogenes* só foram encontradas numa única boca. O número de anaeróbios diferentes na mesma boca variou de 07 espécies. Os mesmos bebés foram seguidos longitudinalmente durante a erupção da dentição primária. As bactérias anaeróbias Gram-negativas foram isoladas mais frequentemente, e uma maior diversidade de espécies foi recuperada em torno da margem gengival dos dentes recém-erupcionados (idade média dos bebés - 32 meses). A tipagem de bacteriocinas e a genotipagem de estirpes estabeleceram a transmissão vertical de muitas bactérias orais (por exemplo, *S. salivarius*, estreptococos mutans, *Porphyromonas gingivalis* e *Actinobacillus actinomycetemcomitans*) de mãe para filho. Em geral, são encontrados tipos clonais de espécies semelhantes dentro dos grupos familiares, enquanto são observados padrões diferentes entre esses grupos. Não foi observada qualquer evidência de transmissão pai-filho (ou pai-mãe) de estreptococos mutans, embora a transmissão horizontal de alguns agentes patogénicos periodontais, como o *P. gingivalis*, possa ocorrer entre cônjuges. Durante o primeiro ano de vida, os membros dos géneros *Neisseria*, *Veillonella*, *Actinomyces*, *Lactobacillus* e *Rothia* são frequentemente isolados, particularmente após a erupção dentária. Alguns dos géneros (*Porphyromonas* e *Actinobacillus*) associados à etiologia da doença periodontal foram cultivados a partir da placa bacteriana de bebés com cerca de 12 meses de idade, embora com pouca frequência e em número reduzido.

Estudos sobre a transmissão de estreptococos mutans a crianças identificaram uma "janela de infecciosidade" específica entre os 19 e os 31 meses (idade média: 26 meses). Isto abre a possibilidade de direcionar as estratégias preventivas para este período crítico, a fim de reduzir a probabilidade de colonização no bebé. De facto, a redução do transporte de estreptococos mutans nas mães pode reduzir a transmissão destas bactérias potencialmente cariogénicas aos seus descendentes e atrasar o aparecimento de cáries.

O desenvolvimento de uma comunidade clímax num sítio oral pode envolver exemplos de sucessão microbiana alogénica e autogénica. Na sucessão alogénica, factores de origem não microbiana são responsáveis por um padrão alterado de desenvolvimento da comunidade. Por exemplo, os estreptococos mutans e *o S. sanguis* só aparecem na boca após a erupção dentária ou a inserção de dispositivos artificiais, como obturadores de acrílico em crianças com fenda palatina. O desenvolvimento da comunidade é também influenciado por factores microbianos 17

(sucessão autogénica).

Gram-positivo	
Cocci	***Abiotropia***
	Peptostreptococos
	Streptococcus
	Stomatococcus
Varas	***Actinomicetos***
	Bifidobactérias
	Corynebacterium
	Eubactérias
	Lactobacilos
	Propionibacterium
	Pseudoramibacter
	Rothia

Tabela 1: Principais géneros de bactérias Gram-positivas encontradas na cavidade oral saudável[17]

Gram-negativo	
Cocci	***Moraxella***
	Neisseria

	Veillonella
Varas	***Campylobacter***
	Capnocytophaga
	Desulfobactérias
	Desulfo v ibrio
	Eikenella
	Fusobactérias
	Haemophilus
	Leptotrícia
	Prev otella
	Selenomonas
	Simonsiella
	Treponema
	Wolinella

Tabela 2: Principais géneros de bactérias Gram-negativas encontradas na cavidade oral saudável[17]

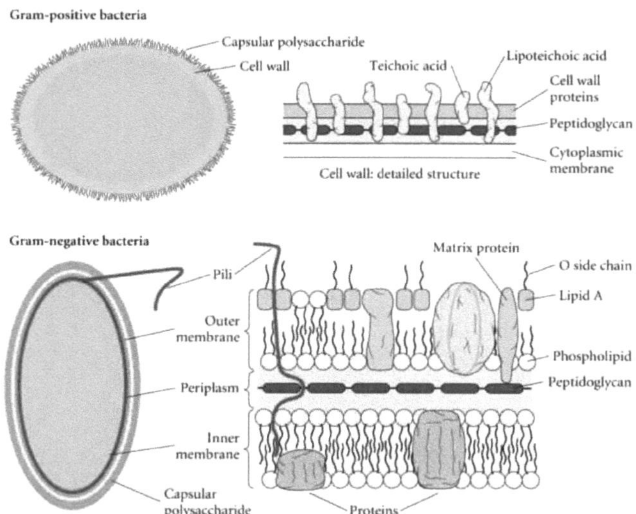

Figura 1: Diagrama que mostra a estrutura dos bacilos Gram-positivos e Gram-negativos[17]

DESENVOLVIMENTO DESDE O NASCIMENTO ATÉ À VELHICE

No nascimento

- A cavidade oral é estéril durante a vida intra-uterina e ao nascimento.

- Nas 8 horas seguintes ao nascimento, a boca adquire organismos.

Bebés e crianças

- A erupção dos dentes decíduos altera o ambiente na cavidade oral.

- Bactérias anaeróbias, tais como lactobacilos, bacteróides, espiroquetas, actinomicetos e estreptococos anaeróbios.

- A própria superfície do dente permite o crescimento de dois membros importantes do género estreptococos, Strept. mutans e Strept. sanguis.

- Com o aumento do número de dentes e mudanças na dieta, a flora oral torna-se mais complexa e mais anaeróbios se estabelecem

Adulto

- Os dentes permanentes são normalmente acompanhados por placa dentária e doenças periodontais crónicas que influenciam o número e os tipos de bactérias presentes.

- Os organismos aeróbios incluem Strept. mutans, salivarius, sanguis e mitior, juntamente com Staph. epidermidis. Neisseria spp., difteróides

- As bactérias anaeróbias incluem: lactobacilos, bacteroides, actinomyces, veillonella e espiroquetas.

- A Cândida, enquanto membro da flora oral, está presente em 20 a 80% dos adultos.

- Alguns protozoários podem ser detectados na cavidade oral como a Entamoeba gingivalis

e Trichomonas temax

Idade avançada

- Com a perda de dentes, o número de microorganismos diminui especialmente Lactobacilos, Strept. mutans e leveduras.

- Mas com dentaduras completas, normalmente as leveduras aumentam de novo, assim como os Strept.

Mutans.[40]

FLORA NORMAL DA CAVIDADE ORAL

GÉNERO E PRINCIPAIS CARACTERÍSTICAS	PRINCIPAIS ESPÉCIES	CARACTERÍSTICA CULTURAL S	PRINCIPAIS LOCAIS INTRA-ORAIS/INFECÇÃO RELACIONADA
STREPTOCOCCUSGrama cocos positivos em cadeias, não móveis, geralmente com fibrilhas na superfície, ocasionalmente capsulados	*Estreptococos. Sanguis*	Anaeróbios facultativos, hemólise variável, mas a alfa é a mais comum. Meio seletivo, ágar Mitis salivarius (MSA) Colónias pequenas e borrachentas em MSA, firmemente aderidas à superfície do ágar	Placa dentária principal/Endocardite infecciosa, cárie dentária e ulceração apical
	Strep.oralis	Variávelcolonial morfologia semelhante a *Step. Sanguis*	Língua, bochecha, placa bacteriana e saliva/ endocardite infecciosa
	Strep.mitis	Pequenas colónias não aderentes em MSA	Placa dentária
	Strep. Mutans	Colónias altas convexas, opacas,	Superfície dos dentes/Cáries

		polissacárido extracelular de sacarose, meio seletivo MSA+BACITRACINA	dentárias
	Passo. Salivarius	Largemucoide colónias na MSA	Dorso da língua e saliva
	Passo. milleri	Pequenas colónias não aderentes dependentes de CO2 em MSA. O meio seletivo contém sulfonamida	Fendas gengivais/ Dentoalveolares e infecções endodônticas
Estreptococos anaeróbios Pequenos cocos gram positivos em cadeia	*Peptococcus spp* *Peptostreptococcus spp*	Strictanaerobes, de crescimento lento, geralmente não hemolítico	Placa subgengival/Infecções dentoalveolares
Lactobacilos Bacilos Gram positivos, catalase negativos	*L.casei* *Lfrementurnr*	Microaerófilo; exigências nutricionais complexas; acidúrico; pH ótimo 5,5-5,8. Meio seletivo, ágar Rogosa com pH baixo devido ao ácido acético	Placa dentária geralmente em pequeno número/ Extensão da cárie dentária, especialmente na dentina.
Actinomicetos Bacilos Gram positivos e filamentos, não móveis	*A.israelli*	Anaeróbio estrito microaerófilo, colónia de dente molar em ágar sangue	Placa dentária e criptas amigdalinas/ Actinomicose e formação de cálculo dentário
	A.naeslundii	Anaeróbio facultativo	
	A.viscoso	Anaeróbio facultativo com necessidade de	Placa dentária/ Cárie da superfície radicular e

		CO_2	formação de cálculo.
	A.odontolyticus	Anaeróbio facultativo; colónias com centro castanho-avermelhado.	Placa dentária/ Extensão da cárie à dentina
Aracnídeos Bacilos pleomórficos Gram positivos	*A.propionica*	Anaeróbio estrito com uma colónia semelhante morfologia para A.israelli	Placa dentária/dentina cariada, polpa dentária necrótica e periodontite crónica
Eubactérias Bastonetes ou filamentos gram positivos pleomórficos	*E.suburrem Ertimidum*	Strictanaerobes , caraterização definida	Placa dentária/dentina cariada, polpa dentária necrótica e periodontite crónica
Bacterionemia Filamentos pleomórficos Gram positivos ligados a um corpo em forma de barra retangular com aspeto de "*pega de chicote*	*Bmatruchotii*	Normalmente anaeróbios facultativos; algumas estirpes são anaeróbios estritos	Formação de placa dentária/ cálculo dentário
Proionibactérias Bacilos Gram positivos	*P.acnes*	Anaeróbio estrito com colónias brancas rodeado por uma zona escura em ágar sangue	Placa dentária/Infeção alveolar dentária
Rothia Filamentos ramificados grampositivos	*RMentocariosa*	Geralmente aeróbios estritos com colónias pigmentadas de branco	Saliva e placa dentária
Bactéria bífida	*B.dentium*	Anaeróbio estrito	Placa dentária

Bacilos Gram positivos			
Micrococcus+stapylococcus Cocos Gram positivos, catalase positiva	*Mmucilagenosus* *Stap. aureus*	Grandes colónias coagulase negativas aderentes à superfície do ágar-sangue facultativo Coagulase negativo; pigmentado de amarelo colónias , facultativas	A língua, sobretudo também o sulco gengival Saliva de 50% da população em pequeno número/quelite angular
Neisseria Diplococos Gram positivos	*N.lactamicus* *N.pharyngis*	Facultativo asacarolítico e não produtor de polissacarídeos	Línguasaliva . Oral mucosa e placa inicial
Branhamella Diplococos Gram-negativos	*B.catarrhalis*	Sacarolítica e produtora de polissacarídeos facultativa	Língua, saliva e mucosa oral
Veillonella Pequenos cocos gram-negativos Anaeróbios estritos;	*V.alcalesens*	Meio seletivo , ágar vancomicina de Rogosa	Língua e saliva e placa dentária
Haemophilius Cocos-bacilos Gram-negativos	*H.parainflunzae* *H.sernis* *H.aphrophilius*	Todos os isolados são anaeróbios facultativos; crescimento melhorado em bloodagar aquecido (Chocolate) Dependente de V, não hemolítico Sem necessidade de fator V	Placa dentária ' saliva e superfície da mucosa oral/ ocasionalmente na infeção dentoalveolar e na sialadenite aguda

Actinobacilos Bacilos Gram-negativos de cocos	*Aactinomycetemcomitans*	Não necessita de fator V; é necessário 10% de CO2 para o crescimento. O meio seletivo contém vancomicina e bacitraicina	Ocasionalmente em placa/abcesso subgengival, por vezes com A.israelli; periodontite juvenil
Eikenella Bacilos Gram-negativos	*E . corro den s*	dependente de Xe microaerófilo; produz colónias corroídas em ágar-sangue	Placa dentária/abcesso dentoalveolar e periodontite crónica.
Capnocytophaga Bastonetes fusiformes Gram-negativos com motilidade deslizante	*C.sptatigena* *C.ochracea* *C.gingivalis*	Colónias de tamanho médio dependentes de CO2 (capnofílicas) com bordos irregulares que se espalham.	Placa bacteriana, superfícies mucosas, saliva/Destrutiva doença periodontal.
Simonsiella Bactéria aeróbica planar Gram-negativa com morfologia invulgar, (filamentos segmentados multicelulares planos)	*Simonsiella spp*	Colónias pequenas com uma banda estreita de hemólise após 24 horas a 37^0 c em ágar sangue. Para o isolamento primário, utilizar um meio semi-seletivo com antibióticos.	Dorso da língua e palato duro em cerca de 20% da população
Fusobactérias Bastonetes Gramnegativos delgados, em forma de charuto, com extremidades arredondadas.	*F.nucleatum*	Strictanaerobe , geralmente não hemolítico	Fenda gengival ou amígdala/ Gengivite aguda ulcerosa. Abcesso dentoalveolar e periodontite crónica.
Leptotricha Filamentos Gram-negativos com	*L. buccalis*	anaeróbio estrito com colónias semelhantes	Placa dentária

pelo menos uma extremidade pontiaguda		às das fusobactérias	
Bacteroides Bastonetes pleomórficos Gram-negativos com extremidades arredondadas, não móveis	*B. gingivalis* *B. intermediaus* *Bmelaninogénico* *B.endodontalis* *B .oralis*	Os estritanaeróbios necessitam normalmente de vitamina K e hemina para crescer. Colónias com pigmentação negra em ágar sangue Colónias não pigmentadas em ágar sangue	Fissuras gengivais e placa subgengival em pequeno número/ periodontite crónica e abcesso dentoalveolar. Placa dentária Placa dentária/canal radicular e infeção dentoalveolar. Placa dentária
Wolinella Bacilos Gram positivos curvos, móveis por flagelos polares	*W.reta*	Anaeróbio estrito	Creme gengival/doença periodontal destrutiva.
Treponema Células helicoidais Gram-negativas móveis com 5-16μm de comprimento e extremidades afiladas nas quais se inserem os filamentos axiais. Três tamanhos principais: grande, médio e pequeno	*T.denticola* *T. macrodentium* *T.orale* *T. vincentoi*	Todos anaeróbios estritos e muito difíceis de cultivar. meios enriquecidos com soro. Caracterização pobre e confusa	Fissura gengival/aguda gengivite ulcerativa . Destrutivoperiodontal doença.
Selenomonas Gramnegativocurvo células de protozoários	*S.sputigena*	Anaeróbio estrito	Fenda gengival.
Entamoeba Grandes amebas móveis com cerca de 12μm de diâmetro	*EGingivalis*	Estritamente necessário , meio complexo, não pode ser cultivado em	Creme gengival/periodontite crónica

		cultura pura	
TrichomonasFlagelado protozoário com cerca de 7,5 µm de diâmetro	*T.tenax*	Estritamente necessário ; meio complexo ; difícil de cultivar em cultura pura	Fenda gengival
Cândida Células Gram positivas em brotamento com 5µm de diâmetro	*C.albicans C. glabrata C. tropicalis*	Anaeróbio facultativo; em meio de Sabourd, produz colónias discretas. Apenas os tubos germinativos de C. Albicans são positivos	Dorso da língua, principalmente/infeção por cândida oral
Mycoplasma Extremopleomorfismo incluindo formas de cocos, anéis, halteres e asteróides.	*M.orale* *M. salivarium*	Colónias minúsculas de 0,1 a 1 mm de diâmetro, pouco visíveis a olho nu. Cultura em ágar nutriente mole com 20% de soro, ADN, pencilina e acetato de talo	Placa dentária, fenda gengival[17]

EFEITOS BENÉFICOS DA FLORA NORMAL

1. **A flora normal sintetiza e excreta vitaminas** em excesso das suas próprias necessidades, que podem ser absorvidas como nutrientes pelo seu hospedeiro. Por exemplo, nos seres humanos, as bactérias entéricas segregam vitamina K e vitamina B12, e as bactérias do ácido lático produzem determinadas vitaminas B.

2. **A flora normal impede a colonização por agentes patogénicos**, competindo pelos locais de fixação ou pelos nutrientes essenciais. Pensa-se que este é o seu efeito benéfico mais importante, que foi demonstrado na cavidade oral, no intestino, na pele e no epitélio vaginal.

3. **A flora normal pode antagonizar outras bactérias** através da produção de substâncias que inibem ou matam espécies não indígenas. As bactérias intestinais produzem uma variedade de substâncias, desde ácidos gordos e peróxidos relativamente inespecíficos até bacteriocinas altamente específicas, que inibem ou matam outras bactérias.

4. **A flora normal estimula o desenvolvimento de certos tecidos**, como o ceco e certos tecidos linfáticos (placas de Peyer) no trato gastrointestinal.

5. **A flora normal estimula a produção de anticorpos naturais.** Uma vez que a flora normal se comporta como antigénios num animal, induzem uma resposta imunológica, em particular, uma resposta imunitária mediada por anticorpos (AMI). Sabe-se que baixos níveis de anticorpos produzidos contra componentes da flora normal reagem de forma cruzada com determinados agentes patogénicos relacionados, impedindo assim a infeção ou invasão.

EFEITOS NOCIVOS DA FLORA NORMAL

1. **Sinergismo bacteriano** entre um membro da flora normal e um potencial agente patogénico. Isto significa que um organismo está a ajudar outro a crescer ou a sobreviver. Há exemplos de um membro da flora normal que fornece uma vitamina ou outro fator de crescimento de que um agente patogénico necessita para crescer. A isto chama-se **alimentação cruzada** entre micróbios.

2. **Competição por nutrientes** As bactérias do trato gastrointestinal têm de absorver alguns dos nutrientes do hospedeiro para as suas próprias necessidades. No entanto, em geral, transformam-nos noutros compostos metabolizáveis, mas alguns nutrientes podem ser perdidos para o hospedeiro.

3. **Indução de toxemia de baixo grau** Podem ser encontradas na circulação quantidades mínimas de toxinas bacterianas (por exemplo, endotoxina).

4. **A flora normal pode ser um agente de doença**. Os membros da flora normal podem causar **doenças endógenas** se atingirem um local ou tecido onde não possam ser restringidos ou tolerados pelas defesas do hospedeiro. Muitas das floras normais são potenciais agentes patogénicos e, se obtiverem acesso a um tecido comprometido a partir do qual possam invadir, podem provocar doenças.

5. **Transferência para hospedeiros susceptíveis** Alguns agentes patogénicos do ser humano que fazem parte da flora normal podem também depender do seu hospedeiro para serem transferidos para outros indivíduos onde podem produzir doença.

AQUISIÇÃO DA MICROFLORA ORAL

AQUISIÇÃO DA MICROFLORA ORAL RESIDENCIAL

A aquisição depende da transmissão de microrganismos para o local de potencial colonização. Inicialmente, na boca, isto acontece por inoculação passiva da mãe, de outros indivíduos na proximidade do bebé e do leite e água ingeridos. A aquisição de microrganismos como as leveduras e os lactobacilos a partir do próprio canal de parto pode ser apenas transitória, mas o papel da saliva no processo de aquisição foi confirmado de forma conclusiva.[2]

COMUNIDADE PIONEIRA E SUCESSÃO MICROBIANA

A boca é altamente selectiva para os microrganismos, mesmo nos primeiros dias de vida. Os primeiros microrganismos a colonizar são designados por espécies pioneiras e, coletivamente, constituem a comunidade microbiana pioneira. Estas espécies pioneiras continuam a crescer e a colonizar até encontrarem resistência ambiental (física e química). Na boca, os factores físicos incluem a queda de células epiteliais (descamação) e as forças de cisalhamento da mastigação e do fluxo de saliva. As restrições nutricionais e as condições desfavoráveis de pH, bem como as propriedades antibacterianas da saliva, são barreiras químicas que podem limitar o crescimento.

Na boca, os organismos cultiváveis predominantes são os estreptococos e, em particular, S. salivarius, S. mitis e S. oralis. Ao longo do tempo, a atividade metabólica da comunidade pioneira modifica o ambiente, proporcionando condições adequadas para a colonização por uma sucessão de outras populações. Isto pode acontecer modificando ou expondo novos receptores de ligação (criptópos) ou alterando o pH local ou reduzindo os níveis de oxigénio e baixando o potencial ou gerando nutrientes adicionais, por exemplo, produtos finais do metabolismo (lactato, succinato) ou produtos de degradação (péptidos, hemina) que podem ser utilizados por outros microrganismos como parte de uma cadeia alimentar

A boca do bebé é estéril à nascença, exceto talvez por alguns organismos adquiridos do canal de parto da mãe.[27] A cavidade oral do recém-nascido contém apenas uma superfície epitelial para colonização. A população pioneira é constituída principalmente por espécies aeróbias e anaeróbias facultativas. Em bebés de termo, foi recuperada uma gama de espécies estreptocócicas durante os primeiros dias de vida, e S.oralis, S.mitis biovar, S.salivarius foram numericamente dominantes. A diversidade da microflora estreptocócica aumenta com o tempo; ao fim de um mês, todos os bebés estavam colonizados por pelo menos duas espécies de estreptococos, sendo o estreptococo salivarius e o S. mitis biovar 1 os mais frequentemente isolados.[2]

A atividade metabólica da comunidade pioneira altera então o ambiente oral para facilitar a colonização por outros géneros e espécies bacterianas. Por exemplo, S. salivarius produz polímeros extracelulares a partir da sacarose, aos quais outras bactérias, como Actinomyces spp. A flora oral no primeiro aniversário da criança é normalmente constituída por estreptococos, estafilococos, neisseriae e lactobacilos, juntamente com alguns anaeróbios como a Veillonella e as fusobactérias. Menos frequentemente são isoladas espécies de Lactobacillus, Actinomyces, Prevotella e Fusobacterium.

A próxima mudança evolutiva nessa comunidade ocorre durante e após a erupção dentária, quando dois outros nichos são fornecidos para a colonização bacteriana: a superfície de tecido duro do esmalte e a fenda gengival. Os organismos que preferem a colonização de tecidos duros, tais como Streptococcus mutans, S. sanguis e Actinomyces spp. colonizam seletivamente as superfícies de esmalte, e os que preferem ambientes anaeróbicos, tais como Prevotella spp., Porphyromonas spp. e espiroquetas colonizam os tecidos creviculares. No entanto, os anaeróbios não aparecem em número significativo até à adolescência.

ENVELHECIMENTO E MICROFLORA ORAL

A aquisição da microflora oral continua com a idade. Após a erupção dentária, a frequência de isolamento de espiroquetas e anaeróbios de pigmentação negra aumenta. O aumento da prevalência de espiroquetas e anaeróbios de pigmentação negra durante a puberdade pode dever-se ao facto de as hormonas entrarem na fenda gengival e actuarem como uma nova fonte de nutrientes. O aumento de Prevotella intermedia na placa bacteriana durante o segundo trimestre de gravidez também foi atribuído aos níveis séricos elevados de estradiol e progesterona, que podem satisfazer os requisitos de nafaquinona para o crescimento deste organismo. Foi também observado um aumento do número de anaeróbios de pigmentação negra em mulheres que tomam contraceptivos orais. Nos adultos, a composição e a proporção da microflora oral residente permanecem razoavelmente estáveis ao longo do tempo e esta microflora coexiste em relativa harmonia com o hospedeiro. Esta estabilidade (denominada homeostase microbiana) não é uma resposta passiva ao ambiente, mas deve-se a um equilíbrio dinâmico obtido através de numerosas interações entre bactérias e entre bactérias e hospedeiros. A diversidade da microflora oral num indivíduo saudável situa-se normalmente entre 50 e 100 espécies. Foram detectadas algumas variações na microflora oral numa idade mais avançada, que podem ser atribuídas aos efeitos diretos e indirectos do envelhecimento. No caso da idade avançada, podem ocorrer variações se o habitat ou o ambiente forem gravemente perturbados. O uso de dentaduras também aumenta com a idade, o que também promove a colonização por C.albicans. Os hábitos sociais podem perturbar o equilíbrio da microflora oral. A ingestão regular de hidratos de carbono na dieta pode levar ao enriquecimento de espécies acidúricas (tolerantes ao ácido) e cariogénicas, como os estreptococos mutans e os lactobacilos.[2]

DISTRIBUIÇÃO DA MICROFLORA RESIDENTE

A boca é semelhante a outros habitats do corpo por possuir uma comunidade microbiana residente diversa mas caraterística.[2,18] A microflora oral é um ecossistema complexo que contém uma grande variedade de espécies microbianas. A boca é colonizada por vários microrganismos antes da erupção dos dentes, embora os recém-nascidos estejam essencialmente livres de microrganismos.[19]

Na cavidade oral, as diferentes áreas ambientais físico-químicas e nutricionais, como a mucosa da bochecha, a língua, a fenda gengival e a superfície do dente, favorecem a aderência e o crescimento de tipos microbianos selectivos.[20] A cavidade oral pode ser considerada uma incubadora microbiana ideal. Possui uma temperatura de aproximadamente 35° a 36° C e tem uma abundância de humidade, uma excelente oferta de vários tipos de alimentos e diferenças na tensão de oxigénio. Muitos tipos aeróbios, facultativos e anaeróbios encontram condições favoráveis para o seu crescimento. A cavidade oral é composta por muitas superfícies, cada uma delas revestida por uma infinidade de bactérias, o proverbial biofilme bacteriano.[21] As propriedades da boca tornam-na ecologicamente distinta de todas as outras superfícies do corpo e ditam os tipos de micróbios capazes de persistir, pelo que nem todos os microrganismos que entram na boca são capazes de colonizar. Além disso, existem habitats distintos mesmo dentro da boca, cada um dos quais permite o crescimento de uma comunidade microbiana caraterística devido às suas caraterísticas biológicas particulares. As flutuações transitórias na estabilidade dos ecossistemas orais podem ser induzidas pela frequência e tipo de alimentos ingeridos, variações no fluxo de saliva (por exemplo, certos medicamentos prejudicam o fluxo de saliva) e cursos de terapia antibiótica.[2]

Os principais habitats orais são:

- Lábios e palato
- Bochecha
- Língua

- Saliva
- Dentes

Lábios e palato-

Nos lábios, há uma transição da pele para a mucosa oral e há também alterações na população bacteriana.[22] Os estreptococos anaeróbios facultativos constituem uma grande parte da microflora dos lábios. Veillonella e Neisseria também foram encontradas (< 1%). O Streptococcus vestibularis é recuperado mais frequentemente da "calha" entre o lábio inferior e as gengivas e, ocasionalmente, foram detectados anaeróbios de pigmentação negra e fusobactérias. A Candida albicans pode colonizar as superfícies danificadas da mucosa labial nos cantos da boca. As técnicas moleculares confirmaram a presença de uma série de estreptococos nos lábios, especialmente S. mitis, S. oralis e S. constellatus, sendo também ocasionalmente detectados alguns anaeróbios obrigatórios, incluindo P. melaninogenica.[2,23]

O palato duro suporta uma flora estreptocócica semelhante à da bochecha (ecologia da boca). A maioria das bactérias são estreptococos e actinomicetos, veillonellae, hemófilos e anaeróbios gram-negativos também são recuperados regularmente, mas em níveis mais baixos. A Candida não é regularmente isolada do palato normal, exceto quando são usadas dentaduras (no caso de estomatite por dentadura).[2] O palato mole alberga bactérias do trato respiratório, tais como Haemophilus, Cornebacterium, Neisseria e Branhamella. Os portadores de estreptococos beta-hemolíticos têm frequentemente os organismos na úvula, na 22

pregas palatoglossais e palatofaríngeas.[22]

Bochecha

Os estreptococos são as bactérias predominantes da bochecha, especialmente os membros do grupo mitis e oralis[24] , H.parainfluenzae também é comummente isolado. As espécies de Simonsiella são isoladas principalmente das células da bochecha de humanos e animais. Os anaeróbios obrigatórios não estão presentes em grande número, embora se tenha observado a presença de espiroquetas e outros organismos móveis na mucosa bucal. As técnicas moleculares confirmaram a presença de uma série de espécies estreptocócicas nas células bucais, bem como de Granulicatella e Gemella spp.; os anaeróbios obrigatórios foram detectados com menos frequência, embora estivessem presentes Veillonella e Prevotella spp.[25]

Os estreptococos foram os organismos mais comuns encontrados intracelularmente em cerca de 30% das células epiteliais bucais, seguidos por Granulicatella adiacens e Gemella haemolysans. A S.mitis predomina na mucosa vestibular.[26] As leveduras podem ser isoladas dos portadores.

Língua-

A superfície dorsal queratinizada da língua é um local ideal para a retenção de microrganismos.[22] A superfície papilar da língua tem um baixo potencial redox (Eh), promovendo o crescimento da flora anaeróbia, podendo assim servir de reservatório para alguns dos anaeróbios Gram-negativos implicados na doença periodontal.[27] Os estreptococos são o grupo mais numeroso de bactérias (cerca de 40%), com predominância dos microrganismos dos grupos salivarius e mitis. Também foram isolados estreptococos anaeróbios, enquanto a Rothia mucilagenosa se encontra quase exclusivamente na língua. Outros grupos importantes de bactérias incluem Veillonella spp. (16%), bastonetes Gram positivos (16%), dos quais Actinomyces naeslundii e Actinomyces odontolyticus são comuns, e hemófilos (15%). Tanto os anaeróbios pigmentantes (Prevotella intermedia, Prevotella melaninogenica) como os não pigmentantes podem ser recuperados da língua e este local é considerado como um reservatório potencial (juntamente com as amígdalas) para alguns dos organismos implicados nas doenças periodontais.[28] Outros organismos, incluindo lactobacilos, leveduras, fusobactérias, espiroquetas e outras bactérias móveis, foram encontrados em números baixos (<1%) na língua.[21,25]

Os estreptococos representaram 52% da microflora, sendo Streptococcus salivarius e Streptococcus mitis as espécies predominantes.[29,30] Rothia mucilagenosa foi recuperada de quase metade das amostras. Foi também encontrada uma elevada proporção de Neisseria (20%), juntamente com níveis mais baixos de Actinomyces

(5%) e espécies gram-negativas ocasionais.[2] A língua pode atuar como um reservatório para alguns dos anaeróbios Gram negativos que estão implicados na etiologia das doenças periodontais e são responsáveis pelo mau odor.[2,31]

Uma carga bacteriana mais elevada, especialmente de anaeróbios Gram-negativos (incluindo Porphyromonas, Prevotella e fusobacterium spp.), foi isolada da língua de indivíduos com elevado odor. A base química do odor não é totalmente compreendida, mas inclui a produção de compostos de enxofre voláteis pela microflora residente.

Saliva-

A boca é mantida húmida e lubrificada pela saliva, que flui para formar uma película fina (aproximadamente 0,1 mm de profundidade) sobre todas as superfícies internas da cavidade oral. A saliva entra na cavidade oral através de condutas provenientes das glândulas parótidas, submandibulares e sublinguais maiores, bem como das glândulas menores da mucosa oral (glândulas labiais, linguais, bucais e palatinas) onde é produzida. Existem diferenças na composição química das secreções de cada glândula, mas a mistura complexa é designada por "saliva total".

A saliva desempenha um papel importante na manutenção da integridade dos dentes, limpando os alimentos e tamponando os ácidos potencialmente prejudiciais produzidos pela placa dentária após o metabolismo dos hidratos de carbono da dieta. O bicarbonato é o principal sistema tampão da saliva, mas os fosfatos, os péptidos e as proteínas também estão envolvidos. O pH médio da saliva situa-se entre 6,75 e a taxa e a concentração de componentes como as proteínas, o cálcio e o fosfato têm um ritmo circadiano, com o fluxo mais lento de saliva a ocorrer durante o sono. Assim, é importante evitar o consumo de alimentos ou bebidas açucaradas antes de dormir, uma vez que as funções protectoras da saliva são reduzidas.[2]

Os principais constituintes da saliva são as proteínas e as glicoproteínas, como a mucina, e influenciam a microflora oral:

J adsorvendo-se à superfície do dente para formar uma película condicionante (a película adquirida), que determina quais os microrganismos que se podem fixar)

J actuam como fontes primárias de nutrientes (hidratos de carbono e proteínas) para a microflora residente

J agregar microrganismos exógenos, facilitando assim a sua eliminação da boca através da deglutição, e

J inibição do crescimento de alguns microrganismos exógenos.[2]

Embora a saliva contenha até 10^8 microrganismos ml^{-1} , não se considera que tenha a sua própria microflora residente. Os organismos encontrados provêm de outras superfícies, especialmente da língua, em resultado das forças de remoção oral (fluxo de saliva e FGC, mastigação, higiene oral). As pessoas com contagens elevadas destas bactérias potencialmente cariogénicas são consideradas como estando "em risco" e podem ser alvo de uma higiene oral intensa, terapia antimicrobiana e aconselhamento dietético.[27]

Dentes-

Os dentes só aparecem na boca após os primeiros meses de vida. A dentição primária está normalmente completa aos 3 anos de idade e, por volta dos 6 anos, os dentes permanentes começam a erupcionar; este processo está completo por volta dos 12 anos de idade. As condições ecológicas locais variam durante estes períodos de mudança, o que, por sua vez, influencia a composição da comunidade microbiana residente num local.[2] As superfícies dos dentes são a única área do corpo que não se desprende e que alberga uma população microbiana. Grandes massas de bactérias e seus produtos acumulam-se nas superfícies dos dentes para produzir a placa dentária, presente tanto na saúde como na doença.[27] Uma vez que os dentes são superfícies que não se desprendem, o maior número de microrganismos encontra-se em locais estagnados que oferecem proteção contra as forças de remoção; uma amostra típica de placa bacteriana pode conter cerca de 20 espécies. Os bastonetes Gram positivos e os filamentos (principalmente espécies de Actinomyces) estão entre os principais grupos de bactérias cultivadas a partir da placa bacteriana. Os estreptococos Mutans e os membros dos grupos mitis e anginosus de estreptococos encontram-se em maior número nos dentes[28,29] , enquanto que, em contraste com as superfícies mucosas, o S. salivarius é apenas um componente menor da placa dentária.[21,29]

A dentina é composta por feixes de filamentos de colagénio rodeados por cristais minerais. Os túbulos percorrem continuamente o corpo da dentina, desde a polpa até às junções dentina - esmalte e dentina - cemento. O esmalte é o tecido mais altamente calcificado do corpo e é normalmente a única parte do dente exposta ao ambiente. O cemento é um tecido conjuntivo calcificado especializado que cobre e protege as raízes do dente. O cemento é importante para a ancoragem do dente; embutidas no cemento estão as fibras do ligamento periodontal que ancoram cada dente ao osso periodontal da mandíbula.[2]

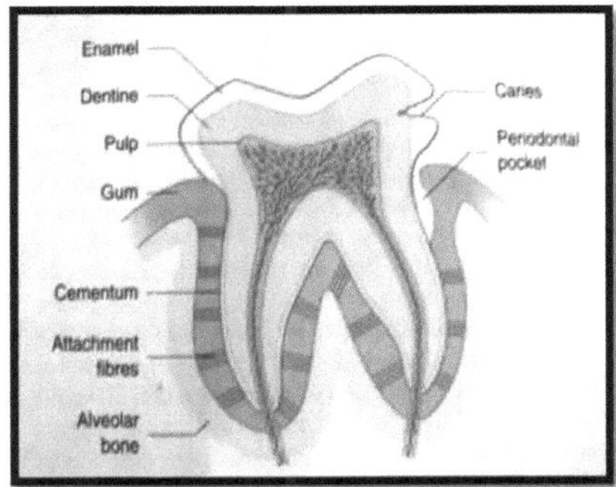

Figura 2: Estrutura dos dentes na saúde e na doença

A comunidade microbiana associada aos dentes é designada por placa dentária. A sua composição varia em cada superfície dentária devido às condições ambientais locais. Uma vez que os dentes são superfícies que não se desprendem, o maior número de microrganismos encontra-se em locais estagnados que oferecem proteção contra as forças de remoção; uma amostra típica de placa bacteriana pode conter cerca de 20 espécies. Os bastonetes Gram positivos e os filamentos (principalmente espécies de Actinomyces) estão entre os principais grupos de bactérias cultivadas a partir da placa bacteriana. Os estreptococos mutans e os membros dos grupos mitis e anginosus de estreptococos são encontrados em maior número nos dentes, enquanto, em contraste com as superfícies mucosas, o S. salivarius é apenas um componente menor da placa dentária.

A natureza da comunidade bacteriana varia consoante o dente em causa e o grau de exposição ao ambiente: as superfícies lisas são colonizadas por um menor número de espécies do que as fossas e fissuras; as superfícies subgengivais são mais anaeróbias do que as superfícies supragengivais.[27]

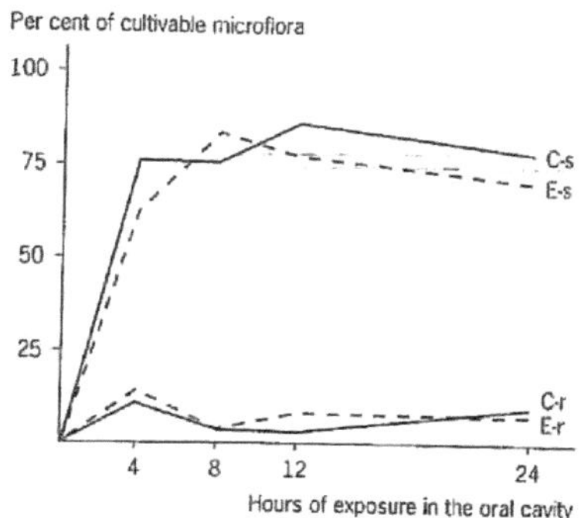

Figura 3: Distribuições relativas de estreptococos (s) e bastonetes pleomórficos gram-positivos (r) recuperados das superfícies do esmalte (E) e do cemento (C) 4, 8, 12 e 24 horas após a limpeza. Adotado de Nikifaruk capítulo 5- Desenvolvimento, estrutura e pH da placa dentária.

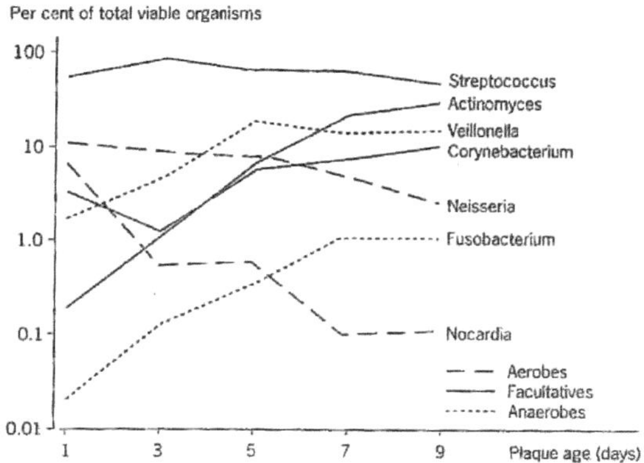

Figura 4: Proporções relativas de microrganismos selecionados na placa coronal em desenvolvimento (dias 1-9) em relação às suas necessidades atmosféricas. Dados

adoptados de Ritz. Gráfico adotado de Nikifaruk.

Fenda gengival-

A população bacteriana do sulco gengival é talvez a mais numerosa de qualquer local da boca, com 101^0 - 1011 organismos por grama de peso de detritos gengivais. Os anaeróbios obrigatórios são encontrados em maior número, particularmente no sulco gengival, e as espiroquetas orais estão quase exclusivamente associadas a esta região. O sulco gengival está bem protegido das forças que deslocam as bactérias e o transudado do fluido crevicular fornece um meio nutritivo rico que permite que alguns organismos relativamente exigentes se desenvolvam.

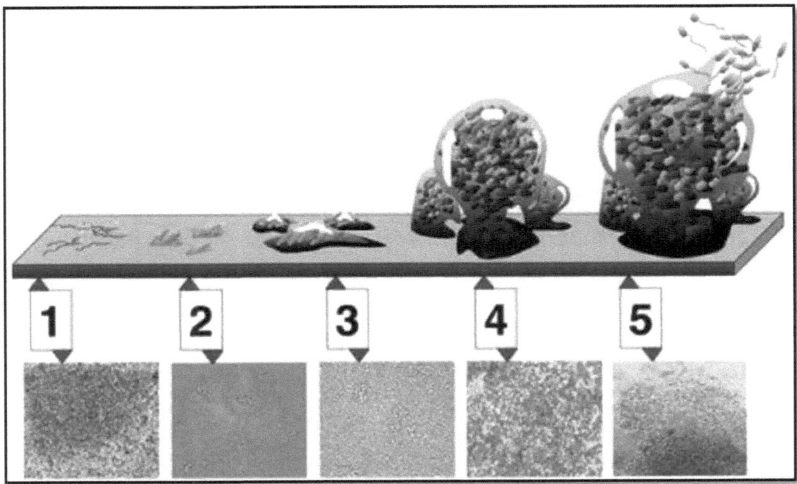

Figura 5: Fases do desenvolvimento da placa [imagens na Internet].[Data desconhecida]Disponível em: https://en.wikipedia.org/wiki/Biofilm.

MÉTODOS DE IDENTIFICAÇÃO

Identificação baseada na cultura

Na medicina dentária clínica de rotina, a maioria das infecções é diagnosticada apenas com base na clínica. Em situações raras, tais como apresentações atípicas ou em circunstâncias clínicas ambíguas, procura-se a ajuda do laboratório.[32] Como tal, a identificação baseada em cultura tem sido o "padrão de ouro" tradicional para a deteção da maioria das infecções fúngicas bacterianas.[33] A amostra é cultivada num meio sólido, semi-sólido ou líquido em condições aeróbias, microaerofílicas ou anaeróbias. Em seguida, os organismos são presumivelmente identificados com base na morfologia das colónias e nas propriedades de coloração. Testes adicionais como a motilidade, a demonstração de cápsulas ou fímbrias são úteis.[32] A identificação definitiva baseia-se principalmente nas caraterísticas fenotípicas, como a capacidade de fermentar hidratos de carbono ou de decompor outras macromoléculas. Muitos destes testes estão atualmente miniaturizados e são agrupados em painéis de testes para permitir uma identificação rápida, por exemplo, API e RapidID. A cultura de microrganismos é também de importância crucial para a determinação da sensibilidade antimicrobiana. Além disso, a compreensão dos atributos de virulência de um organismo e dos seus padrões de expressão só pode ser estudada após o isolamento bem sucedido do organismo in vitro. No entanto, a cultura é morosa, o que pode inibir significativamente a tomada de decisões clínicas.[32] Assim, foram desenvolvidas novas técnicas moleculares para identificar rapidamente genes de resistência antimicrobiana numa amostra bacteriana.[34] As amostras para diagnóstico microbiológico incluem pus (aspirado é o ideal), raspagens de lesões da mucosa, escovagens, descargas e placa supra e subgengival. No entanto, dado o facto de muitas infecções orais serem polimicrobianas, é possível que nem todos os organismos causadores de um determinado nicho sejam identificados através desta abordagem. Além disso, como uma grande proporção das infecções orais é causada por bactérias fastidiosas, de crescimento lento ou não cultiváveis, é provável que um grande número de bactérias causais não seja detectado.[32]

Microscopia direta

O exame microscópico de um esfregaço citológico direto ou de um esfregaço microbiano pode revelar a presença de certas morfologias distintas de algumas espécies microbianas, estigmas citológicos ou celulares de tais infecções. No diagnóstico das lesões orais da sífilis, por exemplo, a microscopia de fundo escuro pode demonstrar os treponemas em forma de espiral.[32] No entanto, podem estar presentes outros organismos em forma de espiral (Spirochaetes), como o Treponema denticola, o T. vincentii e o T. pectinovorum, pelo que este método geraria um resultado falso positivo. No entanto, quando a microscopia é combinada com anticorpos específicos anti-T. pallidum marcados com produtos químicos fluorescentes, a especificidade é aumentada.[35] Recentemente, foi introduzido um método engenhoso para a deteção de espécies bacterianas não cultiváveis de nichos orais, com base num chip de triagem celular microscópica. Tomando como modelo uma espécie bacteriana não cultivável do filo TM 7, Marcy et al. demonstraram que é possível efetuar a triagem de uma única célula bacteriana, o que torna possível a análise subsequente da base do genoma.[36]

Testes imunológicos

Os testes de diagnóstico baseados em reacções de anticorpos antigénicos, apesar de serem amplamente utilizados para detetar infecções virais, como as causadas por vírus herpes, não são utilizados por rotina para diagnosticar infecções bacterianas da boca. Os testes descritos na literatura destinam-se principalmente a determinar a patogénese e as possíveis associações sistémicas orais de entidades patológicas como a doença cardíaca isquémica, a diabetes e a artrite reumatoide.[32] No entanto, há resultados promissores sobre a utilização do ensaio imunoenzimático (ELISA) do soro para a avaliação da gravidade da doença periodontal, medindo as respostas dos anticorpos aos diferentes serótipos de agentes patogénicos periodontais, como Porphyromonas gingivalis e actinomycetemcomitans.[37] Tem-se argumentado que estes testes são tão sensíveis e específicos como a deteção de organismos específicos utilizando a PCR, o que aponta para a possibilidade empolgante da sua utilização em grande escala.[32] Identificação de espécies presumivelmente novas Identificação de espécies presumivelmente novas Na monitorização da progressão da doença ou dos resultados do tratamento da doença periodontal, os testes microbiológicos tradicionais acima referidos continuam a ser importantes.[33] No entanto, quando os testes microbiológicos de rotina baseados apenas em caraterísticas fenotípicas não fornecem informações suficientes sobre a identificação de um isolado cultivado, os testes moleculares baseados em sondas de ADN podem ser úteis.[26] Estes são particularmente valiosos quando foram isolados organismos novos ou atípicos dos nichos orais.[26] Em combinação com a caraterização fenotípica, como a SDS-PAGE de proteínas celulares, a análise de ácidos gordos ou o perfil bioquímico, as técnicas moleculares, como a hibridação ADN-ADN ou a sequenciação do ADNr, são amplamente utilizadas para identificar esses organismos.[32]

Deteção metagenómica do microbioma oral:

Com o advento da sequenciação do gene do ARN ribossómico, foram revelados muitos aspectos até agora desconhecidos do microbioma oral.[32] Em conjunto com algoritmos computacionais em biologia populacional e bioinformática, sabe-se agora que existe uma miríade de espécies bacterianas que podem habitar diferentes nichos orais.[32] Além disso, isto permitiu a previsão de espécies ainda não descobertas no microbioma oral e, segundo estimativas conservadoras, atualmente, cerca de 40% das espécies ainda não foram caracterizadas.[38] Os estudos significativos disponíveis de sequenciação do gene rRNA relativos ao microbioma oral. Na sua essência, este método envolve a extração de ADN genómico de uma amostra clínica seguida da amplificação dos genes 16S rRNA. Os primers complementares são concebidos para recozer as regiões conservadas do gene de aproximadamente 1500 bases de comprimento. Quando o ADN genómico é amplificado com estes iniciadores "universais", os amplicons são constituídos por ADN 16S de várias espécies. A análise subsequente destes envolve duas vias principais: a primeira, e a abordagem mais utilizada até agora, é a clonagem de produtos de PCR purificados num vetor bacteriano, seguida da análise dos clones. Os clones são analisados por vários métodos para revelar a identidade das espécies. [32]

MODO DE PARTO QUE AFECTA O MICROBIOTA ORAL DOS BEBÉS

A primeira exposição a microrganismos em bebés nascidos por via vaginal ocorre durante a passagem pelo canal de parto, ao passo que a primeira exposição a bactérias em bebés nascidos por cesariana (cesariana) ocorre através da pele dos pais e dos profissionais de saúde e do equipamento médico.[11] Na cavidade oral, os estreptococos mutans foram detectados com mais frequência e numa idade mais jovem nas crianças nascidas de cesariana do que nas nascidas de parto vaginal.[39] A cesariana, em comparação com o parto vaginal, diminuiu a exposição a bactérias comensais e protectoras da mãe durante o parto, reduzindo a barreira natural à colonização por agentes patogénicos orais.[11] Não existem diferenças por sexo ou por outras caraterísticas, incluindo a amamentação, entre os bebés nascidos por via vaginal e os nascidos por cesariana Foram detectados números mais elevados de taxa entre os bebés nascidos por via vaginal, em comparação com os nascidos por cesariana. Houve um maior número de taxa detectados pelo microarray em esfregaços de bebés nascidos de parto vaginal do que em bebés nascidos de cesariana. As espécies ou grupos detectados mais frequentemente em bebés nascidos de cesariana do que em bebés nascidos de parto vaginal foram *Slackia exigua* e *Lactobacillus* Cluster I.[19] *Haemophilus parainfluenzae* foi detectado mais frequentemente em bebés nascidos de parto vaginal do que em bebés nascidos de cesariana.[19] As espécies fortemente associadas ao nascimento por cesariana foram *Slackia exigua, Lactobacillus* Cluster I, *Veillonella* sp. EF509966, *Veillonella atypical* e *V. parvula*, e as associadas ao nascimento por via vaginal foram *S. sanguinis, Streptococcus* sp. HOT 058 e *Cardiobacterium hominis.* As possíveis razões para as diferenças incluirão provavelmente a influência relativa do recetor do hospedeiro e dos fenótipos imunitários da mucosa e da saliva, bem como interações com exposições ambientais.[11]

Associado ao parto vaginal	*Associado ao parto por cesariana*
Streptococcus sanguinis	***Slackia exigua***
Cardiobacterium hominis	***Agregado I3 de Lactobacillus***
Streptococcus anginosus	***Veillonella sp. EF509966 (isolado***

Streptococcus gordonii	***intestinal)***
Agregado de Prevotella	***Veillonella atípica***
Prevotella loescheii	***Veillonella parvula***
Prevotella sp. HOT 472	***Streptococcus parasanguinis I e II***
Eubacterium yurii	***Hemolisinas de Gemella***
Catonella morbid	***Gemella morbillorum***
Catonella sp. HOT 164	***Streptococcus australis***
Haemophilus parainfluenzae	***Bifidobacterium animalis ss. Animalis***
Leptotrichia buccalis	***Bifidobacterium lactis***
Leptotrichia goodfellowii	***Streptococcus cristatus***
Sneathia sanguinegens	***Kingella oralis***
Filo Bacteroidetes	***Eikenella sp. HOT 009***
Campylobacter gracilis	***Selenomonas noxia***
Capnocytophaga granulose	***Selenomonas sputigena***
Haemophilus sp. HOT 035, HOT 036	***Selemonas sp. HOT 143***
Kingella oralis	***Aggregatibacter segnis***
Prevotella nigrescens	***Aggregatibacter sp. HOT 512***
Corynebacterium matruchotii	***Campylobacter concisus***
Neisseria elongate	***Streptococcus sp. HOT 070, 071***
Fusobacterium periodontium	***Granulicatella elegans***
Capnocytophaga sputigena	
Streptococcus mutans	
Prevotella Cluster IV	
Prevotella melaninogenica	
Prevotella histicola	

Tabela 3: Diferença nas bactérias orais afectadas pelo modo de parto

COLONIZAÇÃO ORAL EM BEBÉS PREMATUROS

O nascimento pré-termo e o baixo peso à nascença são os principais problemas perinatais a nível mundial e têm implicações evidentes para a saúde pública, devido ao facto de a sua incidência não diminuir apesar das muitas tentativas de prevenção. Tanto as infecções intra-uterinas como a vaginose bacteriana da mãe são factores de risco bem conhecidos, mas as infecções distantes, mesmo subclínicas, também podem produzir partos pré-termo. A periodontite é uma infeção crónica por organismos anaeróbios gram-negativos e pode produzir infeção local e sistémica, pelo que foi sugerida uma possível associação entre periodontite e resultados adversos na gravidez. [3]

Uma vez que a cavidade oral do recém-nascido não tem dentes e apenas as superfícies mucosas estão disponíveis durante os primeiros meses de vida, os organismos com ligandos para o dente estão ausentes. Os locais de ligação epitelial para os estreptococos do grupo A e o seu ácido lipoteicóico na cavidade oral de recém-nascidos de termo estão ausentes ou são mínimos à nascença, mas atingem níveis adultos entre 48 e 72 horas após o nascimento.[3] Os padrões de colonização oral diferem entre os indivíduos já na infância; a carga bacteriana variável na saliva e noutros contactos próximos e a frequência desta exposição bacteriana podem ser parcialmente responsáveis pelas diferenças individuais. Em bebés prematuros nascidos após 30±34 semanas de gestação, a terapia antibiótica não afecta significativamente as taxas de bacteriemia, a colonização da ponta do cateter vascular ou a microbiologia da cavidade oral ao 10º dia de idade.[3]

Apesar da falta de influência da terapia antibacteriana (ABT) nas taxas gerais de colonização bacteriana da cavidade oral, houve algumas diferenças, embora não significativas, no espetro de espécies bacterianas que colonizam a cavidade oral no dia 10 de idade. Nos bebés nascidos com 30±34 semanas de gestação que receberam ABT, a flora oral consistia principalmente em bactérias gram-negativas não E. coli, ao passo que naqueles que não receberam ABT cresceram principalmente estreptococos alfa-hemolíticos, Klebsiella pneumoniae e E. coli. A flora oral que cresceu em bebés com menos de 30 semanas de gestação que receberam ABT era principalmente estafilococos coagulase-negativos. A colonização com Staphylococcus coagulase-negativo (35,3%) após ABT nos nossos recém-nascidos < 30 semanas de gestação está em conformidade com as taxas publicadas de 72,2% e 43%.O Staphylococcus coagulase-negativo é o principal agente patogénico na sépsis tardia de recém-nascidos com peso < 1.500g nos EUA. A colonização com Staphylococcus coagulase-negativo pode ser explicada pela necessidade de manuseamento adicional e pelo baixo estado de imunidade dos recém-nascidos prematuros em comparação com os recém-nascidos de termo, incluindo níveis mais baixos de imunoglobulina G e de complemento, menor atividade opsonofagocítica e anomalias nos pools de armazenamento de neutrófilos.[3]

CONCLUSÃO

A microflora oral residente desempenha um papel ativo no desenvolvimento normal da boca e na manutenção da saúde num determinado local. Os médicos têm de estar conscientes das propriedades benéficas da microflora residente e as suas estratégias de tratamento devem centrar-se no controlo e não na eliminação destes organismos, especialmente na placa dentária. No futuro, poderá ser viável direcionar o tratamento mais especificamente para determinados "agentes patogénicos" ou poderão ser utilizadas abordagens mais imaginativas para prevenir a doença.

Para além de caraterizar espécies bacterianas potencialmente novas, os dados da sequência de ácidos nucleicos analisados utilizando vários protocolos bioinformáticos revelaram que existem mais de 700 espécies bacterianas que habitam a boca. Além disso, os métodos mais recentes baseados na pirosequenciação alargaram ainda mais a extensão da diversidade bacteriana nos nichos orais.[32]

Apesar da grande flora bacteriana que habita a cavidade oral, o diagnóstico microbiológico das doenças orais continua em grande parte confinado aos laboratórios de investigação. No entanto, os avanços tecnológicos indicam que algumas das técnicas tradicionais e novas podem ser prontamente utilizadas para ajudar os clínicos no local de prestação de cuidados.

Métodos abrangentes e miniaturizados baseados em kits de métodos tradicionais de testes microbiológicos podem ajudar a identificar agentes patogénicos mesmo com conhecimentos básicos de microbiologia.

REFERÊNCIAS

1 . Aas JA, Paster BJ, Stokes LN, Olsen I e Dewhirst FE. Definição da flora bacteriana normal da cavidade oral J Clin Microbiol. 2005 Nov; 43(11):5721- 5732.

2 . Marsh PD, Martin MV. Oral microbiology.5th edition. Edimburgo (Reino Unido): Churchill Livingstone;2009

3 . Makhoul et al. Factores que influenciam a colonização oral em bebés prematuros. Isr Med Assoc J. 2002 Feb; 4:98-102.

4 . Kazor et al. Diversity of Bacterial Populations on the Tongue Dorsa of Patients with Halitosis and Healthy Patients (Diversidade de Populações Bacterianas na Dorsa da Língua de Pacientes com Halitose e Pacientes Saudáveis). J Clin Microbiol. 2003 Feb.; 41(2):558- 563.

5 . Munson MA, Banerjee A, Watson TF e Wade WG. Molecular Analysis of the Microflora Associated with Dental Caries (Análise molecular da microflora associada à cárie dentária). J Clin Microbiol. 2004 julho; 42(7):3023-3029.

6 . Aas JA, Paster BJ, Stokes LN, Olsen I e Dewhirst FE. Definição da flora bacteriana normal da cavidade oral J Clin Microbiol. 2005 Nov; 43(11):5721- 5732.

7 . Sufia S, Khan AA e Chaudhary S. Maternal Factors and Child's Dental Health (Factores maternos e saúde dentária da criança). J Oral Health Comm Dent. 2009; 3(3):45-48.

8 . Barfod et al. Oral microflora in infants delivered vaginally and by caesarean section. International Journal of Paediatric Dentistry. 2011; 21:401-406.

9 . Downes et al. Scardovia wiggsiae sp. nov., isolada da cavidade oral humana e de material clínico, e descrições emendadas do género Scardovia e Scardovia inopinata. Int J Syst Evol Microbiol. 2011; 61:25-29.

10 Dye BA, Vargas CM, Lee JJ, Magner L e Tinanoff N. Avaliar a relação entre o estado de saúde oral das crianças e o das suas mães. J Am Dent Assoc. 2011; 142(2):173-183.

11 Holgerson PL, Harnevik L, Hernell O, Tanner ACR, Johansson I. O modo de nascimento afecta a microbiota oral dos bebés. J Dent Res. 2011; 90(10):1183-1188.

12 Tanner et al. Cultivable Anaerobic Microbiota of Severe Early Childhood Caries. J Clin Microbiol. 2011 Apr; 49(4): 1464-1474.

13 Hansson L, Rydberg A, Stecksén-Blicks C. Microflora oral e ingestão alimentar em bebés com doença cardíaca congénita: um estudo de caso-controlo. Eur Arch Paediatr Dent. 2012; 13(5):238-243.

14 Luo AH, Yang DQ, Xin BC, Paster BJ, Qin J. Perfis microbianos na saliva de crianças com e sem cáries em dentição mista. Oral Diseases. 2012;18:595-601.

15 Wilson M. Microbial inhabitants of humans. Their ecology and role in health and disease. Cambridge (U.K.): Cambridge University Press; 2005

16 Newman MG. Oral microbiology and immunology 1988:W.B. saunders,, Philadelphia.

17 Marsh PD. Role of the Oral Microflora in Health (Papel da Microflora Oral na Saúde). Microb Ecol Health Dis.

2000; 12:130-137.

18 Marsh PD, Martin MV. Oral microbiology.5th edition. Edimburgo (Reino Unido): Churchill Livingstone;2009.

19 McCarthy, C., M. L. Snyder, e B. Parker. 1965. The indigenous flora of man.

1. O recém-nascido e o bebé de 1 ano. Arch. Oral Biol. 10: 61-70.

20 Nolte WA. Microbiologia oral com microbiologia básica e imunologia. 4th edition. C.V. Mosby company.

21 Aas JA, Paster BJ, Stokes LN, Oslen I, Dewhirst FE. Definição da flora bacteriana normal da cavidade oral. J. Clin. Microbiol: 2005; 498-504.

22 Newman MG. Oral microbiology and immunology 1988:W.B. saunders,, Philadelphia.

23 Mager DL, Ximenez fyvie LA, Haffajee AD, Socransky SS.distribuição de

espécies bacterianas selecionadas em superfícies intra-orais. J Clin Periodontol. 2003;30:644- 54.

24 Rudney JD, Chen R, Zhang G. Os estreptococos dominam a flora diversa dentro das células bucais. 2005.J dent Res: 84; 1165-71.

25 Mager DL, Ximenez fyvie LA, Haffajee AD, Socransky SS.distribuição de espécies bacterianas selecionadas em superfícies intra-orais. J Clin Periodontol. 2003;30:644- 54.

26 Liljemark WR, Gibbons RJ. Determinantes do desenvolvimento da flora oral em recém-nascidos normais. Appl environ microbial. 1976: 494-7.

27 Samarnayake LP. Essential microbiology for dentistry. Hartcourt Publishers limited; Elsevier;Philadelphia:2006.

28 Tanner ACR, Milgrom PM, Makeem SA, Page RC, Riedy CA, Weinstein P etal. The micobiota of young children from tooth and tongue samples.2002:81;53-7.

29 GibbonsRJ, Houte V. Selective bacterial adherence to oral epithelial surfaces and its role as an ecological determinant. Infect. Immun 1971; 3:567- 73.

30 Houte V, Gibbons RJ, Banghart SB. Adherence as a determinant of the presence of streptococcus salivarius and streptococcus sanguis on the human tooth surface. Arch. Oral biol 1970; 15:1025-34.

31 Kazor CE, Mitchell PM, Lee AM etal. Diversity of bacterial populations on the tongue dorsa of patient with halitosis and healthy patients (Diversidade de populações bacterianas no dorso da língua de pacientes com halitose e pacientes saudáveis). J Clin micobiol 2003;41: 558-63.

32 . Parahitiyawa NB, Scully C, Leung WK, Yam WC, Jin LJ, Samaranayake LP. Explorando a flora bacteriana oral: estado atual e direcções futuras. Oral Diseases. 2010; 16: 136-145.

33 . D'Ercole S, Catamo G, Piccolomini R. Diagnóstico em periodontologia: uma ajuda adicional através de testes microbiológicos. Crit Rev Microbiol. 2008; 34: 33-

41.

34 Barken KB, Haagensen JA, Tolker-Nielsen T. Advances in nucleic acid-based diagnostics of bacterial infections (Avanços no diagnóstico de infecções bacterianas com base em ácidos nucleicos). Clin Chim Ata. 2007; 384:1-11.

35 Hook EW III, Roddy RE, Lukehart SA et al. Deteção de Treponema pallidum no exsudado da lesão com um anticorpo monoclonal específico do agente patogénico. J Clin Microbiol. 1985; 22:241-244.

36 . Marcy Y, Ouverney C, Bik EM et al. Dissecação da "matéria negra" biológica com análise genética unicelular de micróbios TM7 raros e não cultivados da boca humana. Proc Natl Acad Sci USA. 2007; 104:11889-11894.

37 Pussinen PJ, Vilkuna-Rautiainen T, Alfthan G et al. Ensaio de imunoabsorção enzimática multisserótipo como auxiliar de diagnóstico da periodontite em estudos de grande escala. J Clin Microbiol. 2002;40:512-518.

38 Paster BJ, Boches SK, Galvin JL et al. Diversidade bacteriana na placa subgengival humana. J Bacteriol. 2001; 183: 3770-3783.

39 Li Y, Caufield PW, Dasanayake AP, Wiener HW, Vermund SH. O modo de parto e outros factores maternos influenciam a aquisição de Streptococcus mutans em bebés. J Dent Res . 2005;84:806-811.

40 Norman.P.Willet e Robert R. White Essential Oral Microbiology. http://trove.nla.gov.au/work/5821020?q&versionId=6761444.

Printed by Books on Demand GmbH, Norderstedt / Germany